十二五高等院校
艺术设计规划教材

建筑装饰手绘技法

——马克笔上色

陈戈 张恒国／编著

U0316280

人民邮电出版社

北 京

图书在版编目（CIP）数据

建筑装饰手绘技法. 马克笔上色 / 陈戈，张恒国编
著. -- 北京：人民邮电出版社，2015.5
现代创意新思维·十二五高等院校艺术设计规划教材
ISBN 978-7-115-38655-7

Ⅰ. ①建… Ⅱ. ①陈… ②张… Ⅲ. ①建筑装饰—建
筑制图—绘画技法—高等学校—教材 Ⅳ. ①TU204

中国版本图书馆CIP数据核字(2015)第040776号

内 容 提 要

本书的主要内容包括手绘的基本工具及用法，马克笔上色的基本技法，以及马克笔手绘在单体对象上色、室内局部表现、餐厅手绘表现、客厅手绘表现、卧室手绘表现、办公空间手绘表现、商业空间手绘表现、大堂空间手绘表现、建筑手绘表现和景观设计手绘表现中的应用。通过典型案例和大量精美的范例，由浅入深地向读者展示了马克笔上色表现的全过程。

本书理论结合实践，内容丰富、知识性强、结构清晰，图文并茂地介绍了手绘上色的表现技法和应用，内容紧紧围绕实际设计案例，强调实用性、突出实例性、注重操作性，使初学者能够学以致用。

本书是广大设计专业学生、设计师、设计行业从业者学习马克笔手绘技法的参考书籍，也可以作为国内室内设计、环境艺术、建筑设计、园林规划、产品设计等相关专业学生的专业教材。通过对本书的学习，读者可以提高手绘表现能力，增强设计表现实践能力，为从事设计行业打下基础。

◆ 编　著　陈　戈　张恒国
责任编辑　桑　珊
责任印制　杨林杰

◆ 人民邮电出版社出版发行　　北京市丰台区成寿寺路 11 号
邮编　100164　电子邮件　315@ptpress.com.cn
网址　http://www.ptpress.com.cn
北京方嘉彩色印刷有限责任公司印刷

◆ 开本：787×1092　1/16
印张：9.5　　　　　　　　2015 年 5 月第 1 版
字数：265 千字　　　　　　2015 年 5 月北京第 1 次印刷

定价：42.00 元
读者服务热线：(010)81055256　印装质量热线：(010)81055316
反盗版热线：(010)81055315

前 言 | PREFACE

　　手绘目前被广泛应用于设计行业，它使用方便、高效便捷、表现力强，能够迅速反映出设计师的设计构思，为广大的设计师所青睐。在设计过程中，先要画出线稿，勾勒出形体和空间，然后再通过上色、渲染和烘托效果，使设计构思得以完善。手绘线稿通过上色加工和表现后，可以更加直观、真实地反映设计构思，也只有通过上色的艺术表现，才能使设计加以升华。马克笔手绘以正确、快速、高效地表达设计意图为目的，它是进行创意设计、表现艺术构思的重要手段。它是室内设计师、建筑师和园林景观规划师早期设计的辅助工具。它以色彩丰富、着色简便、携带方便、成图迅速、表现力强等特点，受到设计师的普遍喜爱。它已被各类美术、艺术设计、建筑设计院校及设计工程公司、设计事务所广泛接受和使用，现已成为一种主流的表现技法。

　　手绘效果表现是设计专业的必修课，通过手绘表现的学习，能够启发设计师的设计表现能力和创新意识，以及快速准确地表现立体图像的能力。

　　本书结合大量典型的室内外设计表现范例，将马克笔上色的表现技法以图文并茂的形式展现在读者面前。它是将表现技法和表现过程融于一体的工具书，可以让初学者在短期内掌握手绘上色的艺术表现技法。

　　本书编排合理，指导性、实用性和可读性强，内容安排从简单到复杂，简明易学；书中的大量范画均讲解清楚、透彻，便于临摹，非常适合初学者和爱好者入门学习。

　　本书由陈戈和张恒国编写，参与编写的还有卜东东、晁清、刘娟娟、杨超、郑刚、李素珍、李松林、魏欣、黄硕等，在此表示感谢。

　　由于作者水平有限，书中不足之处在所难免，恳请广大读者指正。

编者
2015年
1月

目录 CONTENTS

手绘工具及用法

1.手绘工具

1.1 勾线用笔

我们在表现对象时，首先要勾勒出对象的外形轮廓。勾勒轮廓常用的笔有美工钢笔、金属针管笔、中性笔、会议笔等。

美工钢笔：笔头弯曲，可画粗、细不同的线条，书写流畅，适用于勾画快速草图或方案。

金属针管笔：笔尖较细，线条细而有力，有金属质感和力度，适用于精细手绘图。

中性笔：书写流畅、价格适中，并可以更换笔芯，适用于勾画方案草图。

会议笔：晨光牌的会议笔所勾勒的细线条细腻流畅，也是不错的勾线用笔。

●勾线笔

●不同品牌的勾线笔

●马克笔的细头

1.2 上色用笔

勾线笔勾勒出的线稿要进一步渲染上色，才能完整地体现设计构思。线稿上色就要用到上色工具，目前手绘方案上色主要选用马克笔和彩色铅笔。

马克笔的色彩种类较多，表现力强，是手绘上色的首选工具。现在普遍使用的马克笔要数韩国的TOUCH品牌，常见的是双头酒精的，它有宽细两头，水量饱满、颜色丰富；其中亮色比较鲜艳，灰色比较沉稳。颜色未干时叠加，颜色会自然融合衔接，有水彩的效果；性价比比较高，比较容易买到，总体来说比较经济实惠。

●马克笔的宽头

马克笔的颜色可以通过笔帽的颜色进行区分。马克笔一般都有标准的色号，在笔帽的顶端会标有色号和名称。

●马克笔对应的色号

TM-28* Fruit Pink	TM-26* Pastel Peach	TM-29* Barely Beige	TM-27* Powder Pink	TM-25* Salmon Pink	TM-9* Pale Pink	TM-17* Pastel Pink	TM-8 Rose Pink
TM-89 Pale Purple	TM-88 Purple Grey	TM-6* Vivid Pink	TM-86 Vivid Reddish Purple	TM-87* Azalea Purple	TM-85* Vivid Purple	TM-2* Old Red	TM-1* Wine Red
TM-3* Rose Red	TM-10* Deep Red	TM-5* Cherry Pink	TM-4* Vivid Red	TM-12* Coral Red	TM-11* Carmine	TM-15* Geranium	TM-13* Scarlet
TM-16* Coral Pink	TM-14* Vermilion	TM-22* French Vermilion	TM-21* Terra Cotta	TM-103* Potato Brown	TM-97* Rose Beige	TM-7* Cosmos	TM-23* Orange
TM-31 Dark Yellow	TM-41* Olive Green	TM-24* Marigold	TM-33* Melon Yellow	TM-32 Deep Yellow	TM-34* Yellow	TM-36* Cream	TM-45 Canaria Yellow
TM-37* Pastel Yellow	TM-35* Lemon Yellow	TM-44 Fresh Green	TM-49* Pastel Green	TM-48* Yellow Green	TM-47* Grass Green	TM-46* Vivid Green	TM-59* Pale Green
TM-56* Mint Green	TM-55 Emerald Green	TM-54* Viridian	TM-52 Deep Green	TM-50 Forest Green	TM-51* Dark Green	TM-42 Bronze Green	TM-43* Deep Olive Green
TM-53 Turquoise Green	TM-61* Peacock Green	TM-57 Turquoise Green Light	TM-65* Ice Blue	TM-58* Mint Green Light	TM-68 Turquoise Blue	TM-77* Pale Blue	TM-66* Baby Blue
TM-63* Cerulean Blue	TM-64 Indian Blue	TM-70 Royal Blue	TM-74* Brilliant Blue	TM-71* Cobalt Blue	TM-72 Napoleon Blue	TM-62 Marine Blue	TM-69* Prussian Blue
TM-73* Ultramarine	TM-76 Sky Blue	TM-75* Dark Blue Light	TM-67* Pastel Blue	TM-84 Pastel Violet	TM-83* Lavender	TM-82* Light Violet	TM-81* Deep Violet
TM-120* Black	TM-98 Chestnut Brown	TM-99* Bronze	TM-102 Raw Umber	TM-92* Chocolate	TM-95* Burnt Sienna	TM-96 Mahogany	TM-93 Burnt Orange
TM-91* Natural Oak	TM-94* Brick Brown	TM-100 Walnut	TM-101* Yellow Ochre	TM-104* Brown Grey	TM-GG1 Green Grey 1	TM-GG3 Green Grey 3	TM-GG5 Green Grey 5
TM-GG7 Green Grey 7	TM-GG9 Green Grey 9	TM-BG1* Blue Grey 1	TM-BG3* Blue Grey 3	TM-BG5* Blue Grey 5	TM-BG7* Blue Grey 7	TM-BG9* Blue Grey 9	TM-WG0 Warm Grey 0
TM-WG1* Warm Grey 1	TM-WG2 Warm Grey 2	TM-WG3* Warm Grey 3	TM-WG4 Warm Grey 4	TM-WG5* Warm Grey 5	TM-WG6 Warm Grey 6	TM-WG7* Warm Grey 7	TM-WG8 Warm Grey 8
TM-WG9* Warm Grey 9	TM-CG0 Cool Grey 0	TM-CG1* Cool Grey 1	TM-CG2 Cool Grey 2	TM-CG3* Cool Grey 3	TM-CG4 Cool Grey 4	TM-CG5* Cool Grey 5	TM-CG6 Cool Grey 6
TM-CG7* Cool Grey 7	TM-CG8 Cool Grey 8	TM-CG9* Cool Grey 9					

●马克笔色表

●其他品牌的马克笔

●马克笔的握笔姿势

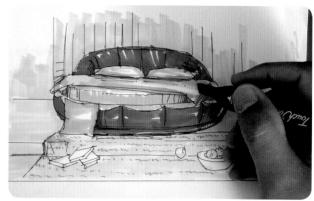

●马克笔上色过程

●盒装彩色铅笔

彩色铅笔也是手绘上色常用的工具之一，它有使用简单方便、色彩稳定、容易控制等优点，常常用来画设计草图的彩色示意图和一些初步的设计方案图。彩色铅笔的不足之处是色彩不够紧密，不易画得比较浓重且不易大面积涂色。在实际的渲染上色中，彩色铅笔可以作为马克笔的辅助上色工具，配合马克笔一起使用，它可以对画面局部和细节进行调整和完善。

●不同颜色的彩色铅笔

1.3 适用的纸张

至于用纸，可选择普通白纸、色纸、硫酸纸、草图纸、铜版纸、卡纸等，也可以使用绘画所用的纸，如素描纸、水粉纸等。经过练习掌握每种纸的特点，选择自己习惯用的即可。手绘纸张最小不小于A4纸。

● 白纸

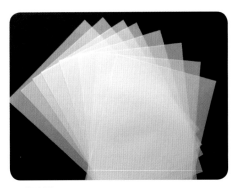

● 硫酸纸

1.4 其他工具

其他辅助工具还有尺子、高光笔、涂改液、水彩颜料、美工刀、胶带纸等。

尺子：在勾线时，可以借助尺子画线。有时在上色时，一些边也要借助尺子来上色。

高光笔：它是在后期时要用到的工具，一般多用于"高光"的点缀，可以使画面有亮点。

涂改液：与高光笔的用法类似。

● 用尺子画线

● 尺子

● 高光笔

● 涂改液

2.上色技法

2.1 马克笔的上色方法

马克笔的笔尖有楔形方头、圆头等几种形式，可以画出粗、中、细不同宽度的线条，通过各种排列组合，形成不同的明暗块面和笔触，具有较强的表现力。马克笔运笔时的主要排线方法有平铺、叠加和留白。

马克笔常用楔形的方笔头进行宽笔表现。要组织好宽笔触并置的衔接，平铺时讲究对粗、中、细线条的运用与搭配，避免死板。

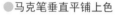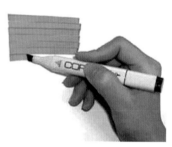

●马克笔垂直平铺上色　　　　●马克笔水平平铺上色

马克笔的色彩可以叠加上色。叠加一般在前一遍色彩干透之后进行，要避免叠加色彩不均匀和纸面起毛。颜色叠加一般是同色叠加，使色彩加重。叠加还可以使一种色彩融入其他色彩，产生第三种颜色。叠加的遍数不宜过多，以免影响色彩的清新透明性。

●深绿、浅绿和蓝色叠加

●深红、橘红和橘黄叠加

马克笔笔触留白主要是表现物体的高光亮面，反映光影变化，增加画面的活泼感。细长的笔触留白也称"飞白"，常在表现地面、水面时使用。

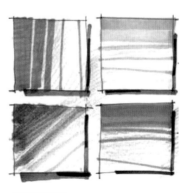

●留白笔触

2.2 物体的明暗规律

了解的物体明暗规律，对表现对象来说是十分重要的。受光照射的物体一般有黑、白、灰三个大面，由高光、亮面、明暗交界线、投影、反光五个调子组成。理解物体的明暗规律并应用于手绘，可将对象表现得更具立体感。

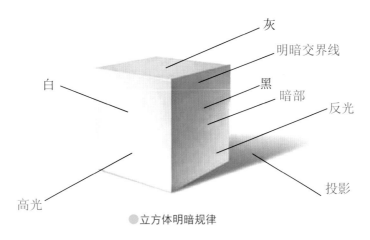

●立方体明暗规律

2.3 马克笔单色明暗上色练习

理解和掌握对象立体感的表现是十分重要的。在用马克笔上色的过程中，我们往往需要通过上色来表现对象的立体感。下面我们先练习一些基本几何体的单色上色练习。注意体会上色的过程，以及对象立体感的表现。练习单色表现对象，我们只需要考虑对象的明暗关系变化，通过单色的明暗来表现对象的明暗，而不用考虑对象的颜色变化。

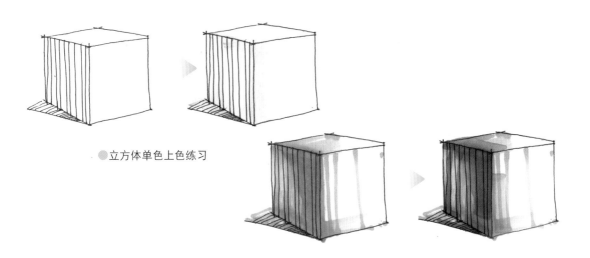

●立方体单色上色练习

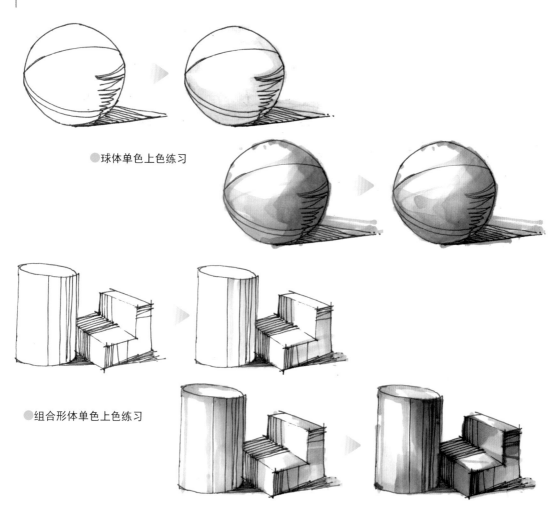

●球体单色上色练习

●组合形体单色上色练习

2.4 马克笔彩色上色练习

马克笔上色后不易修改故一般应先浅后深。浅色系列透明度较高，宜与黑色的钢笔画或其他线描图配合上色。作为快速表现也无需用色将画面铺满，有重点地进行局部上色，画面会显得更轻快、生动。

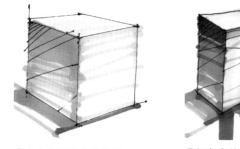

●立方体彩色上色练习

●切角方体彩色上色练习

●几何体组合上色练习

使用马克笔力求下笔准确、肯定，不拖泥带水。干净而纯粹的笔法符合马克笔的特点，对色彩的显示特性、运笔方向、运笔长短等在下笔之前都要考虑清楚，避免犹豫，忌讳笔调琐碎、磨蹭、迂回，下笔要流畅、一气呵成。

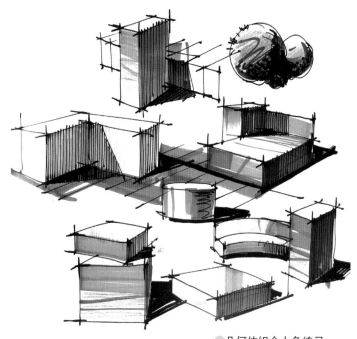

●几何体组合上色练习

2.5 彩色铅笔上色练习

彩色铅笔作为马克笔的辅助上色工具，上色技法比较简单，我们只需要熟悉彩色铅笔的特性，练习一些简单的颜色平铺和颜色交叉就可以了。

●彩色铅笔平铺上色

●彩色铅笔交叉上色

课后练习

1.用不同颜色的马克笔进行笔触练习，并注意体会笔触的效果。

2.理解对象的明暗原理，练习用灰色系表现几何体，并注意立体感的表现。

3.练习用马克笔表现几何体及几何体组合，并体会对象的上色方法。

4.理解和体会马克笔上色的步骤与方法。

5.画简单的对象，并练习用马克笔上色。

2 Chapter

单体对象上色

　　上色可以从单个物体入手，在短时间内表现物体的形体特征和色彩特征。本章节练习不同单体的上色方法，在上色的时候，要注意体会上色的方法和步骤。面对单体对象时，要注意表现对象大的形体，细节可以不必过多地进行刻画。上色时最重要的是保持轻松自然、胆大心细的状态。

1.花艺表现

步骤 1

先用铅笔勾勒出花艺的轮廓，注意形要准确，线条要流畅。

步骤 2

用勾线笔勾勒出花艺的墨线稿，并擦除铅笔线条。

步骤 3

用马克笔上出花和瓶子的大体色调。

步骤 4

进一步丰富颜色，将花瓶表现完整，注意用笔要灵活。

步骤 1

先用铅笔勾勒出花艺的轮廓。

步骤 2

接着用勾线笔勾勒出墨线稿。

步骤 3

用马克笔上出花艺的大体颜色，并画出阴影。

步骤 4

加重局部颜色，并丰富色调，将花艺画完整。

2.台灯表现

用马克笔铺出灯饰及
阴影的大体色调。

用勾线笔先画出灯的
大体轮廓，然后画出
花纹和阴影。

整体加重灯饰的色调，并给花
纹上色，将灯表现完整。

画出台灯的线稿，
然后再画出底座的
花纹。

用浅一些的颜色，
先上出灯罩和底座
的大体颜色。

进一步上色，整体
加重台灯的色调。

深入表现台灯的颜色，并画
出底座花纹的细节。

3.椅子表现

先用线画出椅子的轮廓，然后再用线表现椅子的形体和阴影，体现出椅子的特点。

步骤2
用浅蓝色沿着座位的形先上出座位的大体颜色，然后再给阴影上灰色。

步骤3
沿着座位的形体加重椅子座位的颜色，然后再上出腿部的颜色。

局部加重椅子座位、腿部和阴影的颜色，将椅子表现完整。

步骤 1

画出休闲椅的线稿，表现出椅子的特点。

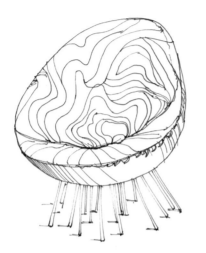

步骤 2

先用浅色马克笔表现出休闲椅座位的大体色调。

步骤 3

沿着座位的形体，加重局部色调，拉开颜色层次，并上出腿部颜色。

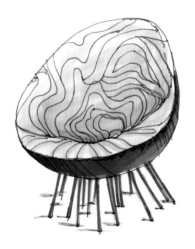

步骤 4

进一步表现休闲椅，强调局部，将效果表现到位。

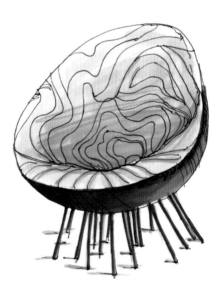

4.单人沙发表现

 步骤 1 画出单人沙发的线稿，表现出沙发形体和结构特点。

 步骤 2 先用红色马克笔沿着沙发形体上色，注意笔触和留白，然后用咖啡色给腿部上色，用灰色给阴影上色。

 步骤 3 先沿着沙发的形体边线加重形体转折处的颜色，然后再加重腿部和阴影的局部颜色。

 步骤 4 进一步强调形体和局部，表现出沙发的特点。

提示：初学者来说，建议先进行色彩方面的临摹，学习别人的色彩搭配和上色技法，这样才能更快地得到提高。手绘表现有它自己的上色方法和模式。

用马克笔铺出沙发及阴影的大体色调，注意笔触和留白。

先勾出沙发的轮廓，然后画出沙发的纹理、腿部和阴影。

加重沙发侧面和内部的颜色，拉开颜色层次。

用橘红色马克笔进一步表现沙发的颜色，强调沙发的色调和颜色。

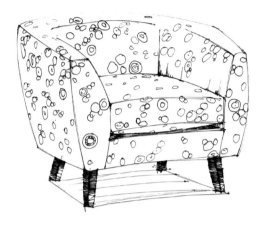

先勾出沙发的轮廓，然后画出沙发上的花纹、腿部和沙发的阴影。

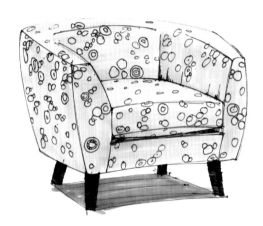

用黄色马克笔铺出沙发及阴影的大体色调。

从结构入手，用橘黄色马克笔加重沙发侧面局部的颜色。

用橘红色马克笔上出沙发的花纹的颜色，并调整画面效果。

ART
&DESIGN

先画出沙发的轮廓，然后画出沙发上的花纹，注意画面的整体效果。

先用浅红色马克笔铺出沙发的大体颜色，然后再用灰色画出腿部和阴影的颜色。

用红色马克笔沿着沙发形体整体加重颜色，拉开颜色的层次。

用高光笔画出花纹，进一步完善沙发的效果。

5.双人沙发表现

步骤
1

画出沙发的线
稿,用线表现出
沙发的特点。

步骤
2

用紫色马克笔
整体上出沙发
的大体色调。

步骤
3

加重沙发的局部
色调,然后给沙
发两侧的装饰造
型上色,最后画
出阴影。

步骤
4

加重沙发暗部和
形体转折处的颜
色,强调沙发的
形体。

6.三人沙发表现

先画出沙发和靠垫的线稿，接着画出沙发暗部和阴影，最后再画出靠垫的花纹。

用蓝色马克笔整体铺出沙发的大体色调，注意笔触和留白的运用。

接着上出靠垫的颜色，然后再画出沙发的阴影。

局部加重沙发、靠垫和阴影的颜色，进一步突出沙发的效果。

7.艺术沙发表现

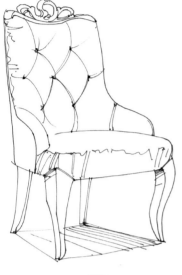

画出沙发的线稿，
将沙发的造型特点
表现准确。

用红色马克笔铺
出沙发座位的颜
色，用黄色画出
腿部和顶部的颜
色，最后用灰色
画出阴影。

进一步上色，局部
加重沙发的颜色。

深入表现沙发的颜色和造型
特点，将沙发表现到位。

8.休闲沙发表现

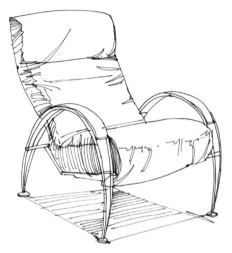

 先画出沙发的线稿，然后用线画出侧面和底部的暗部和阴影，将沙发的造型特点表现准确。

 继续上色，整体加重椅子的色调。

步骤2 先用比较浅的颜色铺出沙发及阴影的大体色调。

步骤4 对画面效果进行局部调整，将椅子表现完整。

课后练习

1.选择本章中的一个花艺范例，按步骤进行临摹练习。

2.选择本章中的一个椅子范例，先分析上色步骤和方法，然后按步骤进行临摹练习。

3.选择本章中的一个单人沙发范例，理解上色方法，并按步骤进行临摹练习。

4.选择本章中的双人或三人沙发范例，然后按步骤进行临摹练习。

5.选择一些家具图片，先勾勒出其线稿，再用马克笔上色。

6.参考本章节，归纳和总结家具的上色方法和步骤。

室内局部上色表现

　　在学习画室内手绘前，我们可以先练习画一些室内的局部表现。室内局部表现的内容比较多，对一些局部设计的亮点，比如背景墙、玄关等，以及一些造型比较有特色的地方，或者一些局部的家具组合，都可以作为练习对象。然后根据掌握的程度，再逐步地扩大局部的范围，这样就可以向完整的室内表现过渡了。本章节选择了一些不同的室内局部，示范进一步的上色练习。

1.装饰桌局部表现

步骤 1

先画出装饰桌和花盆的线稿，然后画出桌子上的细节。

步骤 2

用马克笔上出桌子、花盆及墙面和地面的大体颜色。

步骤 3

加重桌子和花盆的颜色，接着上出地面地砖及墙面的颜色。

步骤 4

加重画面的颜色，并画出桌子的细节，将画面表现完整。

2.柜子局部表现

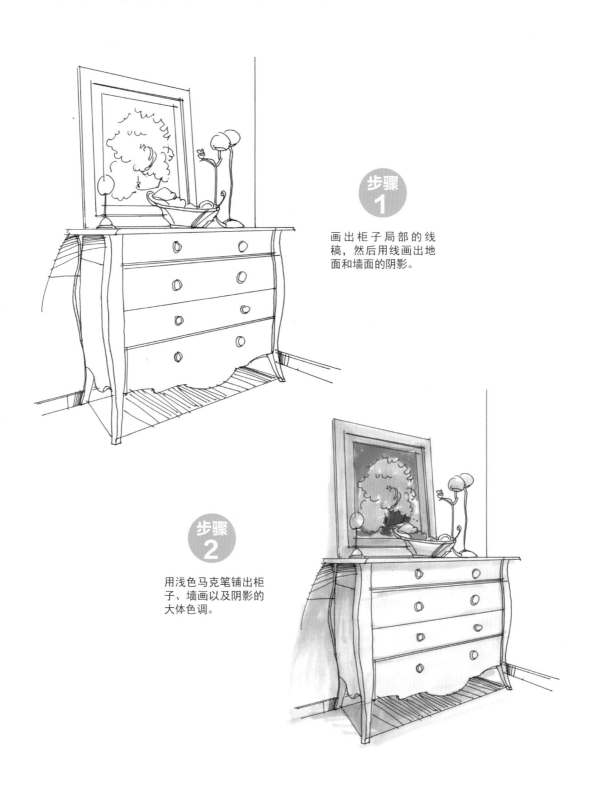

步骤
1

画出柜子局部的线稿，然后用线画出地面和墙面的阴影。

步骤
2

用浅色马克笔铺出柜子、墙画以及阴影的大体色调。

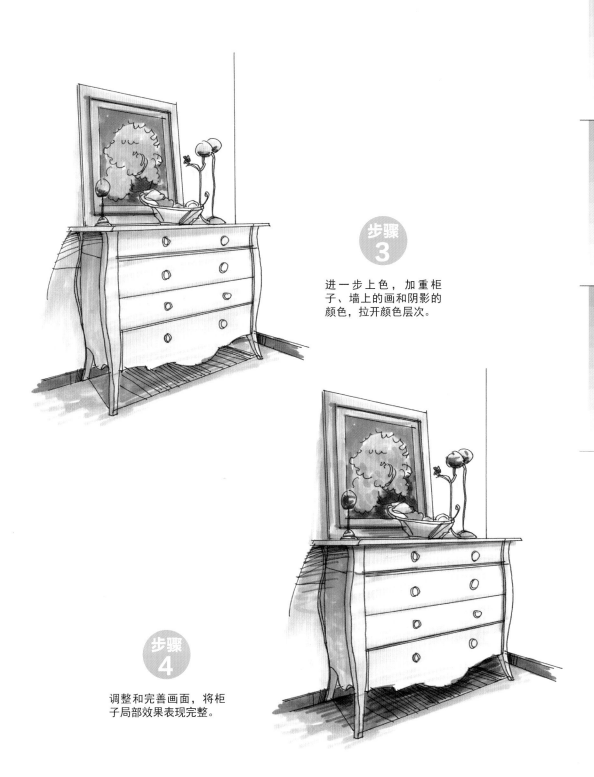

步骤
3

进一步上色，加重柜子、墙上的画和阴影的颜色，拉开颜色层次。

步骤
4

调整和完善画面，将柜子局部效果表现完整。

3.休闲沙发局部表现1

步骤
1

先用线画出休闲沙发、
台灯和地毯的轮廓，然
后画出背景墙面和墙纸
花纹。

步骤
2

用马克笔先上出沙发
和台灯的大体颜色，
然后上出地面及墙面
的颜色。

步骤3

调整沙发、靠垫及毯子的颜色，然后加重地毯的颜色。

步骤4

深入表现画面，加重沙发的颜色，然后画出地毯的纹理，并用彩色铅笔画出墙纸的花纹。

4.中式椅局部表现

步骤
1

先画出中式椅子和花
艺架的线稿，然后画
出靠垫的花纹。

步骤
2

用马克笔上出椅子、
花艺架及墙面、地面
的大体颜色。

步骤
3

进一步上色，加重画面局部的颜色，逐步拉开颜色层次。

步骤
4

用灰色马克笔调整背景的阴影，完善画面，将中式椅子局部表现完整。

5.休闲沙发局部表现2

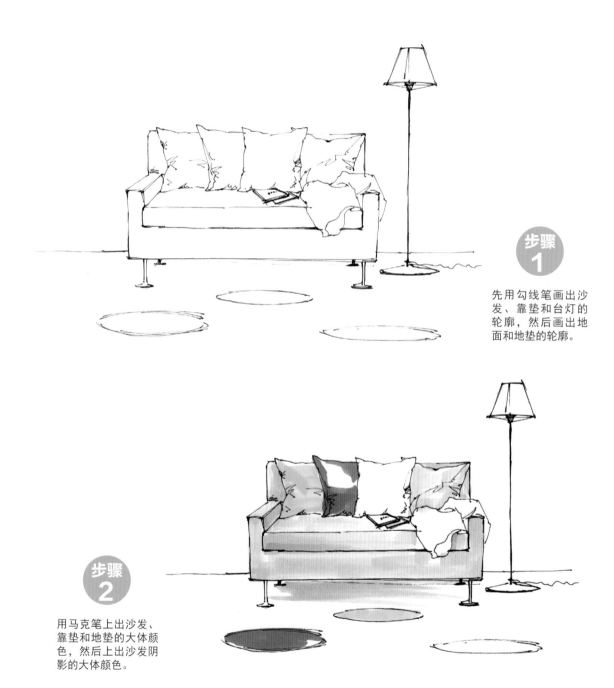

步骤 1

先用勾线笔画出沙发、靠垫和台灯的轮廓，然后画出地面和地垫的轮廓。

步骤 2

用马克笔上出沙发、靠垫和地垫的大体颜色，然后上出沙发阴影的大体颜色。

步骤
3

局部加重沙发、靠垫
和地垫的颜色，并给
台灯底座上色，然后
调整沙发阴影的颜
色，注意画面笔触要
灵活，最后用勾线笔
完善线稿局部。

步骤
4

给台灯灯罩上色，丰
富和完善画面，表现
出沙发局部的特点。

6.中式柜子局部表现

步骤 1

先画出中式柜子组合的线稿，然后画出柜子上面的花瓶，表现出中式柜子的特点。

步骤 2

用马克笔上出中式柜子的大体颜色，注意笔触要灵活。

步骤 3 画出瓶子、灯及背景的颜色，进一步完善和表现画面。

步骤 4 画出地面的颜色，完善背景，并调整中式家具局部的颜色，将中式家具表现完整。

7.休闲沙发局部表现3

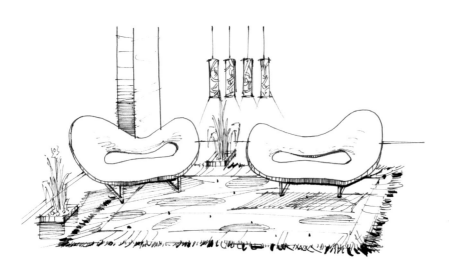

步骤
1

先用线画出沙发、地毯及吊灯的大体轮廓，然后用线表现出地毯、灯饰的花纹细节，完善线稿。

步骤
2

用浅色马克笔上出沙发、地毯、吊灯、花艺及墙面的大体颜色，初步确定画面的大体色调。

步骤
3

加重沙发的颜色，然
后进一步给地毯上颜
色，逐步拉开颜色的
层次。

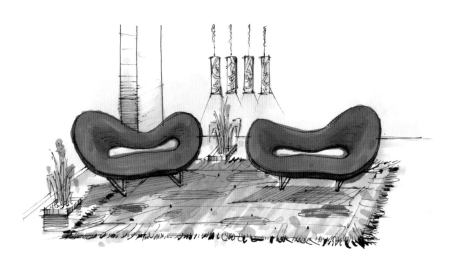

步骤
4

调整画面整体效果，
将沙发局部效果表现
完整。

8.艺术椅局部表现

步骤 1

先用勾线笔画出椅子、桌子的轮廓，然后画出窗户和墙面，最后画出椅子上的花纹细节。

步骤 2

用浅色马克笔铺出椅子、墙面、地面和窗户的大体颜色。

步骤 3

继续上色，加重椅子、地面和墙面的颜色，丰富画面颜色，完善画面效果。

步骤 4

表现画面细节，画出椅子和桌子的细节颜色，用彩铅表现背景墙纸细节，用高光笔表现地面细节，将画面表现充分。

课后练习

1.参考本章中的沙发局部表现范例，然后按步骤进行临摹练习。

2.临摹本章中的中式柜子局部表现范例，并体会室内局部的表现特点。

3.先分析和理解本章中的休闲沙发局部范例，然后按步骤进行临摹练习。

4.分析和总结客厅空间主要元素以及表现步骤和方法。

5.找一些室内局部效果图片，先用勾线笔勾出线稿，然后用马克笔上色。

6.设计一室内局部效果，并尝试用手绘方法表现出其效果。

4 Chapter

餐厅空间上色表现

餐厅空间小，陈设相对简单，是家装设计的重要组成部分，本章节练习餐厅的设计和表现。

1.餐厅表现1

步骤 1

画出餐厅的线稿，并画出桌子和椅子的阴影。

步骤 2

用马克笔上出餐桌、窗帘、吊灯和植物的大体色调，注意保持画面颜色透明、轻快。

步骤 3

接着上出墙面的颜色，注意墙面镜子的表现，然后点出地面地砖拼花颜色。

步骤 4

给地面和吊顶上颜色，进一步完善画面，将餐厅效果表现完整。

2.餐厅表现2

画出餐厅的线稿，用线表现出餐厅的陈设、装饰材料等特点。

用马克笔上出餐桌、吊顶和墙面局部的大体色调，第一遍上色，颜色要浅，要透明。

步骤 3

上出窗帘的颜色，
然后上出墙面镜子
的大体颜色。加重
椅子的颜色，最后
给地面和玻璃面上
出大体颜色。

步骤 4

进一步表现左侧墙
面镜子的效果，然
后画出地板的颜
色。加重家具局部
的颜色，最后用彩
铅调整墙面材质的
细节纹理。

3.餐厅表现3

先画出餐厅空间的线稿，然后画出柜子和椅子的阴影。

用马克笔给餐厅空间上色，上出画面的大体色调，初步表现出餐厅空间的大效果。

步骤 3

加重暗部和阴影的色调，画出地毯的花纹，拉开画面色调层次。

步骤 4

进一步完善画面，并用彩色铅笔调整画面局部，将餐厅效果表现完整。

课后练习

1.选择本章中的"餐厅表现1"范例,然后按步骤进行临摹练习。

2.参考本章中的餐厅表现范例,说出餐厅表现的步骤和方法。

3.找一些餐厅的效果图,先勾出线稿,然后用马克笔上色,用手绘表现出其效果。

4.设计一餐厅空间,并用手绘表现出餐厅空间设计效果。

5 Chapter

客厅空间上色表现

　　客厅是一般家装设计的重点，是家装设计的重要组成部分，本章节选择不同风格的客厅，进行手绘上色练习，在学习的时候，应多注意体会客厅空间的上色步骤和要点。

1.客厅表现1

步骤 1

先画出客厅空间的线稿，用线表现出客厅中的装饰和材料特点。

步骤 2

用马克笔上出客厅的大体色调，初步表现出客厅空间的大效果。

步骤
3

进一步给墙面和地面上颜色，画出前后背景墙的颜色和细节，并给地砖和地毯上颜色。

步骤
4

用高光笔画出墙面墙纸的花纹，并调整和完善画面细节及局部，将客厅空间画面表现到位。

2.客厅表现2

用线画出客厅空间的陈设和布局，表现出客厅的装饰效果。

用马克笔上出沙发、窗帘、地毯和花盆的大体颜色，初步表现出客厅空间的大体效果。

步骤 3

画出客厅背景墙和电视柜的颜色，然后进一步为地面上颜色，并调整沙发和窗帘颜色。

步骤 4

调整和完善画面局部，将客厅空间效果表现完整。

3.客厅表现3

步骤 1

先画出客厅空间的线稿，然后画出家具的阴影。

步骤 2

用马克笔上出沙发、电视柜和吊灯等局部颜色，初步表现出客厅空间的大体色调。

步骤 3

给墙面上颜色，注意表现出灯光的光晕，然后给花瓶和地面上颜色。

步骤 4

用彩铅画出右侧背景墙和吊顶颜色，用高光笔画出沙发花纹，然后进一步完善地面颜色，将客厅效果表现完整。

4.客厅表现4

步骤
1

用线画出中式客厅空间的陈设和装饰效果，注意透视要准确。

步骤
2

用马克笔上出墙面、顶面装饰造型和家具、玄关的大体色调，初步表现出客厅空间的大效果。

进一步给背景墙造型上颜色，并画出窗帘、吊顶和地面的颜色。

进一步给背景墙、地面、窗户和玄关上颜色，将中式客厅效果表现充分。

5.客厅表现5

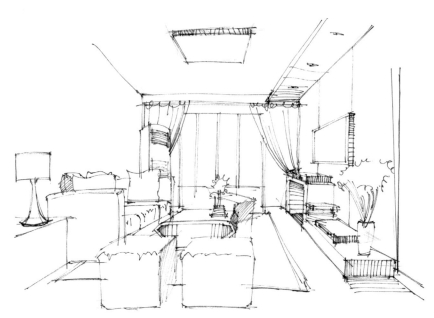

步骤
1

先勾勒出客厅的线稿，注意要透视准确、用笔流畅，并表现出部分对象的暗部。

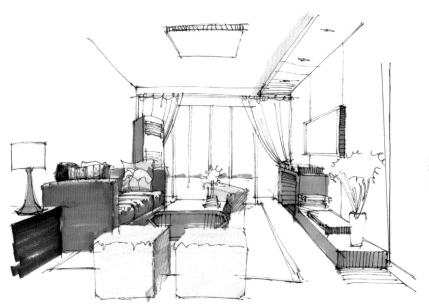

步骤
2

用马克笔上出沙发、柜子、茶几、电视柜的大体颜色。

步骤 3

接着上出背景墙、窗帘和地毯的颜色，注意画面效果要协调。

步骤 4

进一步深入完善画面，并用彩色铅笔做局部调整，将画面表现完整。

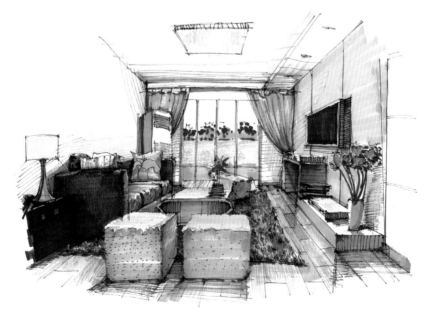

6.客厅表现6

步骤 1

先画出中式客厅空间的线稿，然后用线表现出背景墙造型和地毯花纹。

步骤 2

先用浅色马克笔上出墙面、吊顶颜色，然后上出家具和地毯的大体颜色。

步骤 **3**

给墙面的中式装饰造型进一步上颜色，然后在上出椅子和茶几的大体颜色。

步骤 **4**

给墙面进一步上颜色，画出墙面的大体颜色，然后局部加重沙发的颜色，最后给吊灯上颜色。

ART
&DESIGN

步骤 5

先给地毯上颜色，然后给窗帘、电视等细节上颜色。

步骤 6

进一步表现细节，画出背景墙上的细节和高光，并整体调整画面效果。

课后练习

1.参考本章中的"客厅表现3"范例，然后按步骤进行临摹练习。

2.临摹本章中式客厅表现范例，并体会中式客厅的表现特点。

3.分析和总结客厅空间的主要元素以及表现步骤和方法。

4.找一些客厅的效果图，先用勾线笔勾出线稿，然后用马克笔上色。

5.设计一客厅空间，并用手绘表现出客厅空间效果。

卧室空间上色表现

卧室在家装设计中所占的比重也比较大，也是常常需要设计和表现的地方。本章节以卧室手绘上色表现作为练习重点，选择了几个不同的方案进行讲解和练习。

1.卧室表现1

步骤 1

画出卧室的线稿，表现出卧室空间的效果，注意不同对象的用笔方法。

步骤 2

用马克笔上出卧室家具、墙面和窗帘的大体色调，注意画面要整体。

先上出地面、吊顶和
地毯的颜色，然后用
彩色铅笔表现地毯的
效果。

进一步完善和调整画
面效果，将卧室表现
充分。

2.卧室表现2

步骤 1

画出卧室的线稿，注意用线表现出卧室装饰材料及家具的特点。

步骤 2

用马克笔上出床和地面的大体效果，初步表现出卧室空间的大体效果。

步骤 3

接着上出墙面、窗帘和窗户的色调，进一步完善空间效果。

步骤 4

进一步调整画面效果，完善画面局部色调，并用彩铅处理墙面。

3.卧室表现3

画出卧室的线稿，注意用线表现出卧室装饰及家具的特点。

用马克笔上出床、地毯、柜子和窗帘的大体色调，表现出卧室的大效果。

接着上出地面、墙面和吊顶的颜色，进一步完善空间效果。

上出背景墙和窗帘的颜色，然后调整画面细节，将卧室表现完善。

4.卧室表现4

步骤 1

画出卧室的线稿，注意用线表现出卧室空间的特点。

步骤 2

用马克笔上出家具、墙面、地面的大体色调，初步表现出卧室空间的大体效果。

步骤3

给床、柜子、台灯等局部上颜色，细化局部效果，然后上出吊顶的大体颜色。

步骤4

给窗帘上颜色，并用高光笔和彩色铅笔调整细节，进一步调整并完善卧室画面效果。

课后练习

1.根据本章中的"卧室设计表现1"范例，按步骤进行临摹。

2.参考本章内容，说出卧室上色的步骤和方法。

3.找一些卧室效果图，然后先画出线稿，然后用马克笔逐步上色，表现其效果。

4.设计构思一个卧室，然后用手绘方式表现出设计效果图。

7 Chapter
办公空间上色表现

办公空间是室内设计的一个重要部分，办公空间的设计和表现，也是每个设计师应该学习和掌握的，本章中选择典型办公空间的不同区域进行上色表现练习。

1.办公前台表现

步骤 1

画出办公前厅的线稿，表现出前厅的装饰特点，注意透视和造型准确。

步骤 2

从前台开始，用马克笔上出前台、背景、墙面和地面的大体色调，注意地面反光的表现。

加重背景色调，表现
出背景墙面的造型。

深入表现画面效果，
表现出细节特点，将
前台效果表现到位。

2.公司前厅表现

用勾线笔画出公司前厅的线稿，表现出公司前厅的特点。

用较浅的马克笔铺出公司前厅墙面和地面的大体的颜色，注意墙面光晕的表现。

步骤 3

接着画出门、玻璃隔墙、前台和植物的大体颜色。

步骤 4

完善会议室顶部造型，并加重局部色调，然后用笔提出高光，将会议室表现完整。

3.会议室表现

画出会议室的线稿轮廓，注意造型要严谨，透视要准确。

用较浅的马克笔铺出会议室大体的颜色，注意用笔要灵活，会议桌要高光、要留白。

上出椅子和背景墙的色调，并加重会议桌和地面的色调。

完善会议室顶部造型，并加重局部色调，然后用笔提出高光，将会议室表现完整。

4.综合办公空间表现

步骤 **1**

画出办公空间的线稿，注意表现出办公空间的布局和装饰造型特点。

步骤 **2**

用马克笔上出办公空间的大体色调，注意画面要整体，用笔要灵活。

步骤
3

上出玻璃的颜色，并
加重局部色调，进一
步完善画面效果。

步骤
4

上出地面和植物的颜色，然后用
高光笔给画面提出一些高光，将
办公空间表现充分。

课后练习

1.参照本章中的办公前台表现范例，然后按步骤进行临摹。

2.理解本章中的办公空间表现范例，然后按步骤进行临摹。

3.认真分析本章中的办公空间表现范例，说出办公空间表现的方法与要点。

4.设计构思一公司前台，然后勾勒出线稿，并用马克笔上色。

5.找一些办公空间图片，然后练习用手绘方式表现出来。

8 Chapter

商业空间上色表现

商业空间表现是设计中的难点之一。本章中选择不同的商业空间案例，逐步进行上色表现，系统地展示了商业空间表现的一般方法，在练习时要注意体会。

1.化妆品店表现

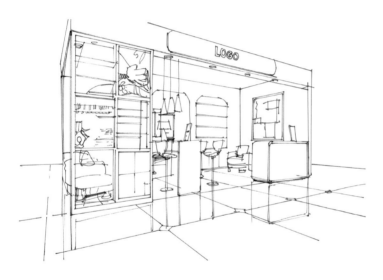

步骤 1

画出化妆品小店的线稿，用线表现出空间布局和细节特点。

步骤 2

用浅色马克笔表现出店面和地面的大体色调，初步确定大体的色相。

给对象细节上色，
并强调对象的空间
和颜色特点，然后
画出背景。

整体调整画面，将
化妆品店面空间效
果表现到位。

2.小包厢空间表现

步骤
1

画出包厢空间的线
稿，用线表现出吊
顶造型、餐桌及墙
面的特点。

步骤
2

从餐桌开始，用马
克笔表现出椅子和
餐桌的大体色调，
然后给墙面和灯也
上一些颜色。

步骤
3

接着给地面、装饰墙面及吊顶上颜色，进一步完善画面的空间效果。

步骤
4

给壁画和吊顶上颜色，然后加重局部色调，最后用彩色铅笔和高光笔调整画面整体效果，将包厢效果表现充分。

3.茶叶卖场表现

步骤 1

画出卖场空间的线稿，注意表现出货架和茶几等不同对象的特点。

步骤 2

确定主色调，用马克笔表现出货架的大体色调，为下一步上色做好准备。

步骤3

给地面和茶几上色，然后画出货架上的货物和花卉等绿色植物。

步骤4

用彩色铅笔辅助上色，整体调整画面效果，将空间效果表现到位。

4.餐饮空间表现

步骤
1

画出餐厅空间线稿，用线表现出餐厅空间的布局和装饰特点。

步骤
2

先确定空间的大体色调，然后用马克笔上出桌椅、隔墙及灯笼的颜色。

步骤
3

接着上出墙面和吊顶造型的大体颜色，然后画出桌面花瓶花卉的颜色。

步骤
4

完善吊顶色调，然后画出地面的色调，表现出餐饮空间的效果。

5.商场空间表现

步骤 1

用线画出商场空间的整体效果，透视要准确，表现出商场空间的氛围。

步骤 2

先确定空间的主色调，然后用马克笔上出柱子、墙面等局部的颜色。

步骤
3

铺出顶面及地面的
大体色调，注意地
面反光的表现。

步骤
4

完善商场空间细
节，将商场空间效
果表现到位。

课后练习

1.参照本章中的小包厢空间表现范例，然后按步骤进行临摹。

2.分析和体会本章中的茶叶卖场表现范例特点，然后按步骤进行临摹。

3.选择本章中的商场空间表现范例，理解表现要点，然后按步骤进行临摹。

4.选择一些卖场空间图片，说出卖场空间的特点，然后尝试用手绘表现其效果。

5.自己设计一个时装店或蛋糕店效果，先勾出线稿，再用马克笔上色。

9 Chapter

大堂空间上色表现

大堂空间一般空间大、对象多，造型相对复杂，设计和表现起来难度就要大一些，本章中的几个范例比较有代表意义，应该认真学习和领会。

1.大厅空间表现1

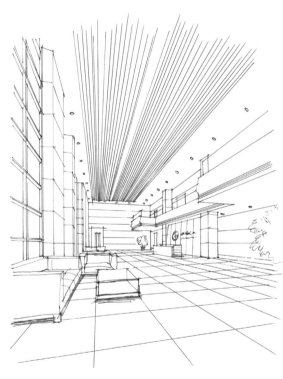

步骤 1

画出大厅空间的线稿轮廓，注意透视和结构准确。

步骤 2

先用马克笔铺出墙面和柱子的大体色调，注意画出墙面光晕，然后给二层玻璃上颜色。

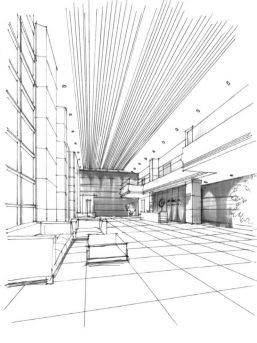

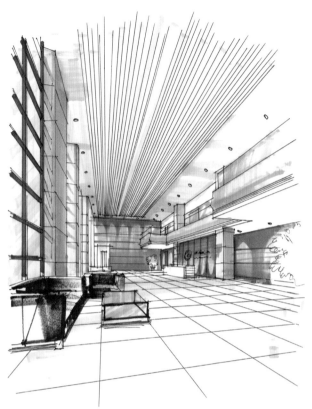

步骤
3

为大厅顶面和地面铺上大体色调，并给沙发也上些颜色。

步骤
4

加重顶部和地面色调，并整体调整画面效果，表现出大厅空间的氛围和效果。

2.大厅空间表现2

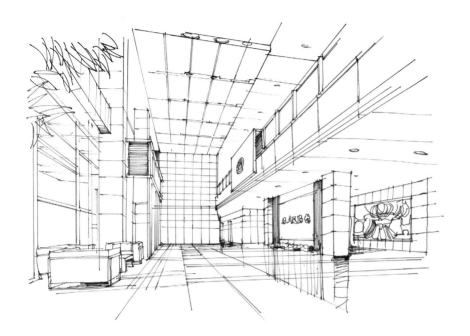

步骤
1

画出大厅的线稿，用线塑造出大厅空间氛围和装饰特点。

步骤
2

先用较浅的颜色铺出大厅墙面、顶面和地面的大体色调，然后画出前台和沙发的大体颜色。

步骤
3

进一步上色，加
重顶面、墙面和
地面局部的颜
色，拉开色调的
层次。

步骤
4

深入表现大厅
空间细节，塑
造大厅空间效
果，将画面效
果表现到位。

3.酒店前厅表现

步骤
1

画出大厅的线稿，用长线表现出空间和装饰材料，用不同形式的短线表现局部和细节特点。

步骤
2

用马克笔表现出大厅墙面的大体色调，注意颜色的变化。

进一步上色，先画出大厅地面的颜色，注意反光的表现，然后给植物上出绿色。

接着上出大厅顶部和左侧玻璃的颜色，然后给地面上一些环境色。

步骤
5

加重局部色
调，用彩色铅
笔调整墙面色
调，并画出地
面地砖色调。

步骤
6

上出大厅顶部
灯的颜色，然
后调整画面整
体效果，用高
光笔提出局部
高光，充分表
现出大厅的环
境效果。

4.酒店大堂局部表现

步骤 1

画出大厅的线稿，表现出墙面、顶面和家具细节。

步骤 2

用马克笔上出大厅墙面和家具的大体颜色。

步骤
3

进一步上色，画出墙面的细节，表现出墙面造型的特点。

步骤
4

先画出右侧墙面和窗户外的风景，然后上出顶面和地面颜色。

步骤 5

先画出窗外的风景，然后对画面局部进行调整。

步骤 6

上出吊灯的颜色，然后用高光笔提出画面高光，将画面效果表现充分。

5.酒店大厅表现

步骤 1

画出大厅的线稿，用线表现出大厅的空间氛围和效果。

步骤 2

用马克笔上出一层大厅墙面、电梯、沙发及树木的颜色。

步骤 3

进一步上色，上出大厅地面、上面空间的颜色，表现出大厅空间的整体效果。

步骤 4

用彩铅画出地砖颜色，然后用高光笔表现吊灯和电梯效果。

6.酒店大堂表现

步骤 1

画出大堂空间的
线稿，表现出大
堂空间的装饰效
果及造型特点。

步骤 2

用马克笔上出大
堂前台墙面、地
面及柱子的大体
颜色。

步骤 3

接着画出大堂门口墙面及沙发的颜色，并完善吊顶、地面及二层的效果。

步骤 4

上出大堂顶部的吊灯和灯光颜色，然后上出右侧植物的颜色，最后表现细节和局部。

课后练习

1.选择本章中的大厅空间表现案例，然后按步骤进行临摹。

2.先观察和分析本章中的酒店前厅表现案例，理解其表现步骤和方法，然后按步骤进行临摹。

3.分析和理解本章中的酒店大堂效果案例，然后按步骤进行临摹。

4.归纳和总结酒店大堂空间上色步骤与方法，体会要点与技巧。

5.选择几张酒店空间照片，然后用手绘方式表现出来。

10 Chapter

建筑上色表现

建筑设计方案的表现，也可以用马克笔上色来表现。建筑上色方法和室内方法略有不同，比室内上色要稍简单一些，本章中分别选择不同功能的建筑进行上色表现，按照难度由低到高的顺序进行学习。

1.小型住宅表现

步骤 1

先画出小建筑的外观，然后画出门窗和墙裙的细节，最后画出周围的树木配景。

步骤 2

用马克笔先上出建筑顶部、墙体及墙裙的颜色，然后再上出玻璃的颜色。

步骤 3

接着上出建筑前地面、草坪及绿篱的大体颜色。

步骤 4

进一步上色，上出建筑周围树木和天空的颜色，完善画面效果。

步骤 5

加重小建筑暗部的颜色，调整画面整体效果，突出建筑的特点。

2.二层楼表现

步骤
1

用线画出楼体的外形结构,然后表现楼体的门窗细节,最后画出树木、人物和地面。

步骤
2

确定楼体主色,从楼体开始上色,用马克笔表现出楼体的大体色调。

步骤 3

先上出背景树木的
大体颜色，然后上
出地面颜色。

步骤 4

画出背景天空，然后加重楼体局
部颜色，突出楼体的特点，将建
筑效果表现完整。

3.别墅效果表现

先用线画出别墅的大体轮廓，然后表现别墅的细节，最后表现出背景植物和地面。

从别墅开始上色，先上出别墅的大体色调，然后画出周围植物的颜色。

步骤 **3**

先加重别墅局部的颜色，然后进一步给周围植物和地面上颜色。

步骤 **4**

进一步给别墅上颜色，然后调整地面和植物颜色，最后用彩铅画出天空。

4.小型建筑表现

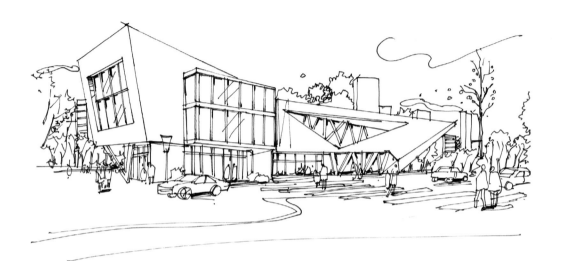

用线画出小型建筑的大体轮廓，然后画出建筑的细节，表现出建筑的造型特点。最后画出建筑周围树木、人物、汽车和地面。

确定小型建筑的主色，从建筑开始上色，用马克笔表现出建筑和门窗的大体色调。

步骤 **3** 进一步给楼体上颜色，突出建筑造型特点，然后上出周围树木、人物、汽车和地面的大体颜色。

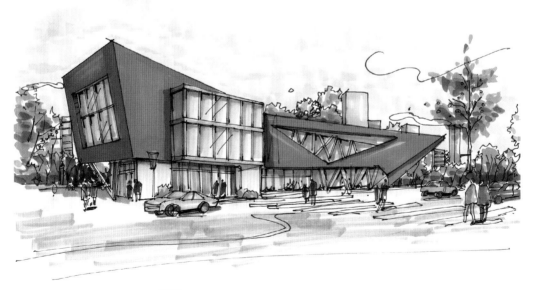

步骤 **4** 先上出天空和地面的大体颜色，然后加重植物局部的颜色。

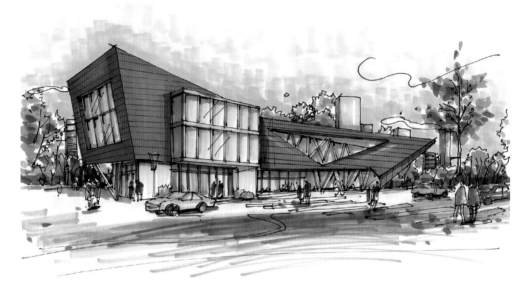

步骤 5 进一步给背景天空和地面上颜色，然后用黑色彩铅画出建筑上的线。

步骤 6 深入刻画和表现建筑颜色，把握视觉重点，突出建筑的特点，将建筑效果表现完整。

5.办公楼表现

画出楼体的外观，然后表现出楼体的细节，再画出楼体的背景。

从楼体主体开始上色，用马克笔表现出楼体的大体色调。

 进一步表现楼体，画出楼体暗部的颜色，然后给地面、树木铺出颜色。

 塑造和表现楼体特点，完善楼体细节，然后加重植物和地面的色调。

6.商住高层楼表现

用线画出商住高层
的外形特点，然后
表现楼体的细节，
最后表现出建筑周
围的配景。

确定楼体主色，从
楼体开始上色，用
马克笔表现出商住
高层的大体色调。

步骤
3

接着画出楼体周围树木、建筑、汽车和地面的大体颜色，画面要保持整体。

步骤
4

进一步给楼体上颜色，塑造和表现楼体特点，然后加重植物和地面的颜色。

进一步给商住楼楼体上颜色，加重玻璃和楼体的颜色，然后对汽车和树木的颜色进行局部加重。

画出天空颜色，突出商住楼体的特点，将建筑效果表现完整。

7.大型商务楼表现

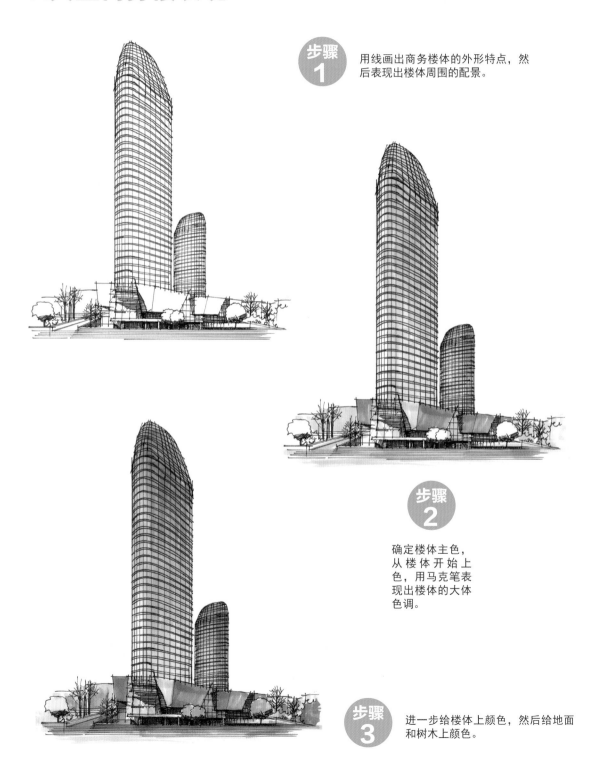

步骤 1 用线画出商务楼体的外形特点，然后表现出楼体周围的配景。

步骤 2 确定楼体主色，从楼体开始上色，用马克笔表现出楼体的大体色调。

步骤 3 进一步给楼体上颜色，然后给地面和树木上颜色。

步骤 **4**

深入刻画和表现
楼体颜色，把握
视觉重点，突出
楼体的特点，然
后画出天空和地
面颜色。

步骤 **5**

进一步表现天
空及楼体的环
境色，完善画
面效果。

课后练习

1.参照本章中的二层楼表现范例，然后按步骤进行临摹。

2.先认真观察和分析本章中的办公楼表现步骤，然后按步骤进行临摹。

3.按步骤进行临摹本章中的商务楼效果表现范例，注意细节和效果的表现。

4.分析本章中的建筑表现范例，归纳和总结建筑效果表现的要点和方法。

5.选择一些不同功能的建筑楼体图片，然后用手绘上色的方式逐步表现出来。

11

景观上色表现

景观设计一般指设计和表现室外环境，是环境艺术的组成部分，本章中选择不同难度的景观小景进行学习，进一步拓展手绘上色的应用。

1.石桌椅表现

先用勾线笔勾勒出桌椅的外轮廓及地面，然后用线画出桌椅的暗部。

用绿色和黄色铺出石桌椅的大体颜色。

加重草坪和桌椅暗部的颜色，并用彩铅调整桌椅暗部。

2.假山水体表现

步骤 1

先用勾线笔画出假山和水体的轮廓，然后勾勒出背景树木的轮廓。

步骤 2

用马克笔上出假山、水体和背景树木的大体颜色，初步表现出画面的大体效果。

步骤 3

逐步加重假山、背景树木和水面的颜色。拉开假山的色调层次，注意笔触要灵活。

步骤 4

进一步加重假山和水面的重颜色，然后调整画面，将假山水体表现完整。

3.栈桥局部表现

步骤
1

用勾线笔画出栈桥、石头、地面和水面的轮廓，然后用线表现出其暗部和阴影。

步骤
2

用浅黄色给栈桥上颜色、浅蓝色给水面上颜色、浅灰色给石头上颜色、浅绿色给草地上颜色，初步画出画面的大体色调。

 步骤 3

先加深水面暗部的颜色，然后加重栈桥暗部和石头暗部的颜色，最后用稍深一些的绿色加重草坪和植物的颜色。

步骤 4

进一步给水面和栈桥上颜色，表现出栈桥和石头的局部，再给植物上颜色，将栈桥局部表现完善。

4.亭子景观表现

先用勾线笔画出亭子、水池和地面的轮廓，然后画出背景树木的轮廓，注意画面透视要准确。

用马克笔先上出亭子的颜色，然后上出水池和地面的颜色，最后用不同的绿色上出背景树木的颜色，整体表现出画面的大体色调。

加重亭子顶部和柱子的颜色，然后进一步给水池和地面上颜色。

深入表现亭子的效果，然后给水面上色，画出水中的倒影，再调整地面和花坛的颜色，最后局部加重背景树木的颜色。

5.广场景观表现

步骤 1 先画出景观墙的轮廓，然后画出地面、水池和荷花的轮廓，接着对线稿进行进一步完善。

步骤 2 用浅色马克笔初步上出画面的大体颜色。

步骤 3 先加重景观墙的色调，然后进一步给荷叶、水面和地面上颜色。

步骤 4

先表现背景墙的细节和局部，然后表现荷叶和水面局部，并加重路面和背景树木的颜色。

步骤 5

用蓝色马克笔给水面上颜色，然后用蓝色彩铅表现天空，将画面表现得更加完善。

6.景观亭的表现

用勾线笔画出亭子、树木、地面和石头的轮廓。

用浅色马克笔先上出亭子的颜色，然后上出地面和石头的颜色。

先加重石头暗部的色调，然后进一步给地面和草丛上颜色，最后画出树木的大体颜色。

步骤 4

先加重亭子的颜色，然后加重石头和植物的颜色。

步骤 5

深入刻画和表现亭子的效果，然后整体调整画面效果，将亭子景观表现完善。

7.建筑门头表现

先用勾线笔勾勒出门头、树木、楼体和地面的大体轮廓，然后进一步表现细节和局部，将线稿表现得更加完善。

先用暖灰色上出门头暗部，然后用浅黄色马克笔上出门头的大体颜色。

步骤
3

上出门头周围树
木、草坪及地面
的颜色，进一步
完善门头效果。

步骤
4

进一步上色，完
善地面的颜色，
然后画出背景楼
体和天空的颜
色，表现出建筑
门头的效果。

课后练习

1.参照本章中的假山水体表现范例，按步骤进行临摹。

2.先认真观察和体会本章中的广场景观范例，然后按步骤进行临摹。

3.归纳和总结景观手绘上色的特点和基本方法。

4.选择1~2幅景观图片，然后用手绘方式画出线稿，再用马克笔上色表现出来。

5.自己设计一个简单景观局部，先画出线稿，然后再上色。

12

手绘上色作品

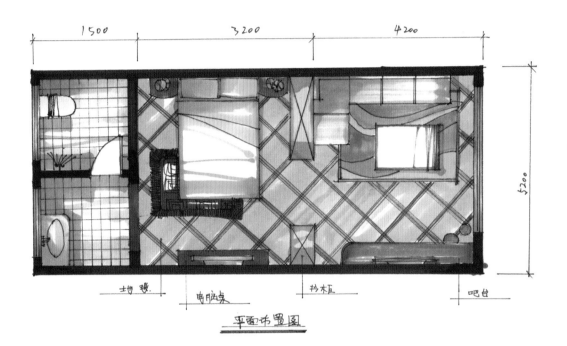

1500 3200 4200

5200

地毯. 电脑桌 书柜 吧台

平面布置图

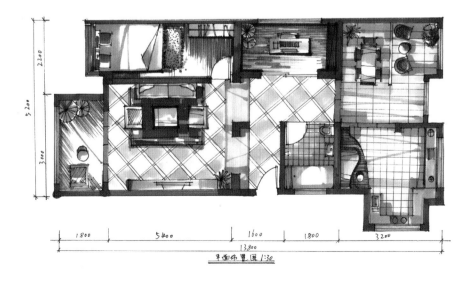

2200

5200

3000

1800 5400 1600 1800 3200

13800

平面布置图 1:30

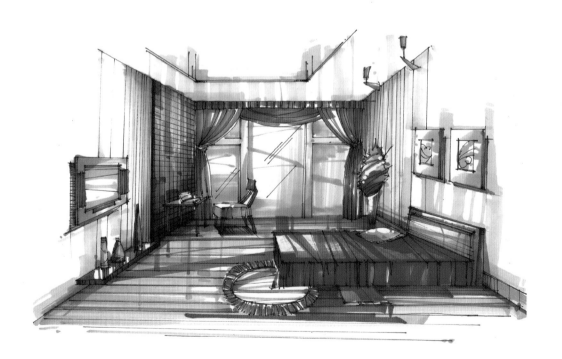